Raphaël Ngadi Litadi

Manual para produtores de milho nas regiões tropicais húmidas

Raphaël Ngadi Litadi

Manual para produtores de milho nas regiões tropicais húmidas

ScienciaScripts

Imprint

Cover image: www.ingimage.com

This book is a translation from the original published under ISBN 978-3-8416-7234-6.

Publisher:
Sciencia Scripts
is a trademark of
Dodo Books Indian Ocean Ltd. and OmniScriptum S.R.L publishing group

120 High Road, East Finchley, London, N2 9ED, United Kingdom
Str. Armeneasca 28/1, office 1, Chisinau MD-2012, Republic of Moldova, Europe
Printed at: see last page
ISBN: 978-620-8-33725-4

MANUAL DO PRODUTOR DE MILHO NAS ZONAS TROPICAIS HÚMIDO

Raphaël NGADI LITADI

- Correio eletrónico: ngadilitadi@yahoo.fr

Sessões de assinatura

Dedico este livro

À minha família, que me deu uma educação digna, cujo amor fez de mim o que sou hoje:

Em especial à minha avó, a saudosa Isabel PANGA, pelo gosto pelo esforço que me inspirou, através do seu rigor. Dedico este marco da minha vida à sua memória. Espero que, no mundo que agora é o seu, ela aprecie este humilde gesto como prova de gratidão por parte de um neto que sempre rezou pela salvação da sua alma.

Para o meu falecido tetravô Basile NDOUMOU, esta é a minha profunda gratidão pelo teu amor eterno, que este livro seja o melhor presente que te posso dar.

A todos aqueles que acompanharam de perto ou à distância a evolução deste trabalho e fizeram as correcções necessárias em cada etapa. Recebam os meus sinceros agradecimentos e a expressão da minha profunda gratidão.

PREÂMBULO

A cultura do milho num ambiente equatorial húmido tem um modo de funcionamento particular, ligado a condições climáticas muito específicas.

Este manual foi, por conseguinte, redigido em resposta aos pedidos de pessoas interessadas nesta cultura, mas que não tinham um conhecimento suficiente do seu itinerário técnico.

Esta nota técnica sobre a produção de milho baseia-se na nossa experiência adquirida na Société Industrielle d'Agriculture et d'Elevage de Boumango (SIAEB), nas plantações das aldeias e noutros locais.

O seu principal objetivo é fornecer aos interessados em investir nesta cultura as informações necessárias para a sua implantação e gestão.

Os produtores de milho encontrarão neste manual uma fonte útil de informações adicionais para simplificar o seu trabalho e melhorar os seus rendimentos.

A principal dificuldade encontrada na elaboração deste manual foi a procura de um compromisso ótimo entre a escolha de termos científicos e técnicos e a acessibilidade do conteúdo a um vasto público: agricultores, formadores e extensionistas agrícolas.

Este manual centra-se em técnicas agrícolas sustentáveis para responder aos desafios ambientais.

Por último, este manual foi concebido para ser pragmático. Por conseguinte, limitou a necessária abundância de pormenores.

Raphaël NGADI LITADI

Índice

CAPÍTULO 1: INFORMAÇÕES GERAIS E ESCOLHA DA VARIEDADE

1.1. Porque é que o milho é cultivado?

Os grãos de milho são utilizados na alimentação humana (sob a forma de espigas ou farinhas frescas) e animal. O amido extraído industrialmente do grão é utilizado no fabrico de alimentos para bebés, bolachas, cerveja, colas, têxteis, acabamentos para tecidos, etc.

Os germes do milho produzem óleo, que é utilizado para consumo humano e para o fabrico de margarinas, sabões, vernizes, têxteis artificiais, etc. Também é cultivado como forragem verde para animais ou para fazer silagem para o gado.

1.2. Descrição

O milho é uma planta tropical da família das gramíneas, originária da América Central (México).

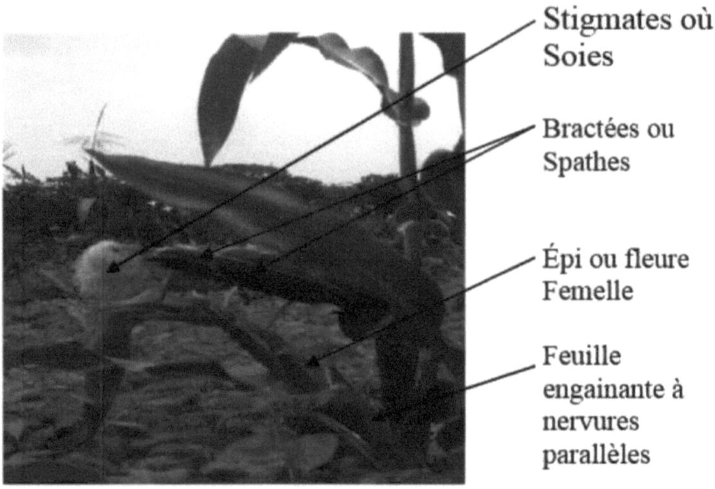

Foto 1: Espiga na fase de floração

1.3. Seleção

As variedades são classificadas em função da duração do ciclo vegetativo e das caraterísticas do miolo (cor, forma, etc.).

Graças às facilidades de cruzamento, os criadores obtiveram híbridos altamente produtivos.

A criação de um milho híbrido com uma fórmula fixa tem o inconveniente de exigir a renovação das sementes para cada

colheita, o que requer uma organização complexa da produção de sementes.
Os trabalhos de melhoramento das variedades de milho devem ter em conta as dificuldades inerentes à criação de uma organização deste tipo.

Existem, portanto, muitas fórmulas de seleção adaptadas às condições de produção de sementes: i) variedades locais melhoradas; ii) variedades introduzidas; iii) compostos de variedades locais e/ou introduzidas; iv) variedades sintéticas resultantes do cruzamento de linhas estabilizadas, que podem ser utilizadas em gerações avançadas; v) híbridos simples ou complexos.

Os principais critérios de seleção do milho são :

- Produção e qualidade dos cereais ;
- Adaptação do ciclo (em regiões com duas estações chuvosas, como o Gabão, procuramos variedades com 90 a 100 dias de antecipação entre a sementeira e a maturação, o que permite efetuar duas colheitas por ano);
- Arquitetura das plantas (o objetivo é reduzir o desenvolvimento vegetativo do milho);
- Resistência ao acamamento (o objetivo é reduzir o tamanho do milho e, nomeadamente, baixar a posição da espiga no caule);

- Proteção da orelha (procuramos espátulas que cubram completamente a orelha para a proteger);
- Tolerância aos parasitas.

Foto 2. Milho do campo

Foto 3: Vista da cabana de milho

O que precisa de saber

Em ambientes equatoriais húmidos como o Gabão, as culturas em geral têm um modo de funcionamento particular, ligado a aspectos climáticos muito específicos.

A cobertura quase permanente de nuvens significa que os níveis de radiação global são baixos durante todo o ano.

As temperaturas diurnas e nocturnas são uniformes e não mudam de uma estação para a outra. Durante a noite, as plantas gastam grande parte da energia acumulada durante o dia, graças à respiração nocturna máxima.

A ausência de um período de entressafra vem juntar-se a estas condições naturais, favorecendo uma intensa atividade biológica das culturas e dos seus inimigos. Neste ambiente, as ervas daninhas, os insectos-praga e as doenças são geralmente muito agressivos.

Neste tipo de ambiente, não existem restrições à escolha das variedades. É preciso fazer malabarismos com um calendário de culturas e datas de colheita que dependem da fisiologia da planta e dos imperativos técnicos e económicos da exploração.

CAPÍTULO 2: PREPARAÇÃO DO SOLO

A preparação do solo pode ser efectuada de forma mecânica ou manual. O milho é uma planta exigente, muito sensível às variações da fertilidade do solo, e responde bem aos aportes de fertilizantes, nomeadamente de azoto.

É particularmente apreciador de solos ricos em matéria orgânica e com boas propriedades físicas.

2.1. Composição do solo

O solo é composto principalmente por argila, areia, calcário e húmus. Estes diferentes elementos estão sempre misturados em proporções muito diferentes, dando origem a solos mais ou menos férteis.

Os solos argilosos são impermeáveis e retêm a humidade. São adequados para o milho, que é uma espécie que exige muita água (mas evite os solos demasiado argilosos). Mas o solo argiloso é difícil de trabalhar. Uma crosta espessa forma-se na sua superfície em tempo seco.

Os solos arenosos são permeáveis e fáceis de trabalhar, mas secam muito rapidamente. São adequados para plantas que não têm medo da seca, como o amendoim. Mas são geralmente solos pobres.

O húmus é muito rico em nutrientes para as plantas. O composto e a terra para vasos são húmus obtidos deixando apodrecer os restos de plantas durante um certo período de tempo.

O húmus torna mais compacto o solo arenoso, que é naturalmente leve e permeável. Por outro lado, areja os solos argilosos, naturalmente demasiado pesados, tornando-os mais fáceis de trabalhar.

2.2. Preparação mecânica

A maior parte da lavoura da estação seca é efectuada com charruas de mão. Dada a suscetibilidade do solo à erosão em ambientes equatoriais húmidos, a sementeira do milho é efectuada exclusivamente com ferramentas de dentes, quer numa única passagem com um vibrocultivador, quer interpondo uma passagem com um cinzel quando os torrões são demasiado grandes.
A lavoura com arados ou discos em terrenos muito húmidos destrói o solo.

A dureza do meio natural e a rápida degradação das parcelas cultivadas obrigam a procurar ou a privilegiar sistemas respeitadores do ambiente.

Foto 4: Vista de um descompactador

Foto 5: Vista de um cinzel

2.3. Preparação manual

O terreno utilizado pode ser um terreno arroteado ou florestal. Se necessário, a lavoura será efectuada com uma enxada após a limpeza da parcela.

Os adubos e fertilizantes devem ser aplicados nas linhas de sementeira antes da lavoura. No entanto, a necessidade de o fazer deve ser cuidadosamente avaliada à luz dos resultados da análise do solo e dos benefícios a retirar destes factores de produção.

Numa primeira cultura, numa limpeza de floresta ou num pousio antigo, estes factores de produção podem ser inúteis e não rentáveis. O solo pode ser suficientemente rico para produzir melhores rendimentos.

Foto 6: Vista de uma parcela de terra que está a ser preparada manualmente para o milho de jardim (lavoura)

Foto 7: Vista de um campo que está a ser preparado manualmente para a cultura do milho

2.4. Alteração

Amaciar o solo significa melhorar as suas propriedades físicas.

Alguns solos são demasiado duros (argila), enquanto outros são demasiado leves (areia). Estes são corrigidos por correcções.

Um bom solo deve conter 60-70% de areia, 25-30% de argila, 5-8% de calcário e 4-5% de húmus.

A calagem é a adição de cal pulverizada (conchas, cascas de ovo, etc.) para corrigir o excesso de areia ou de argila.

De um modo geral, os solos do Gabão são muito ácidos. O resultado é um pH baixo, que poucas plantas cultivadas conseguem suportar.

Para obter uma produção agrícola adequada, é necessário encontrar uma forma de reduzir esta acidez. A cal de magnésio e a dolomite são normalmente utilizadas.

Estes aditivos fornecem o cálcio e o magnésio necessários para "aumentar o pH".

2.5. Fertilização

Fertilizar o solo significa transformar a sua composição para lhe fornecer o que lhe falta. O composto ou o estrume fornecem a qualquer solo os nutrientes necessários às plantas.

2.5.1. Limiares de fertilidade

Os limiares de fertilização a seguir indicados baseiam-se nos resultados de ensaios de fertilização azotada realizados nos anos 80 em explorações do SIAEB no Gabão.

O azoto é um elemento fundamental para o crescimento das plantas. No caso do milho, devem ser aplicados 110 quilogramas de ureia por hectare, duas vezes, três semanas após a sementeira e durante a floração.

Esta prática é satisfatória em boas condições de crescimento e climatéricas. No entanto, qualquer atraso na data de aplicação devido à precipitação resulta numa quebra de rendimento.

2.5.1.2. Magnésio

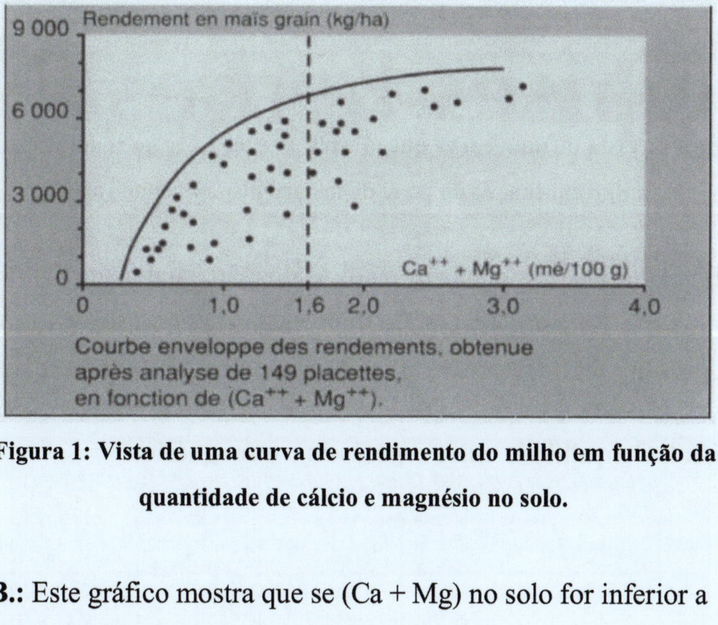

Figura 1: Vista de uma curva de rendimento do milho em função da quantidade de cálcio e magnésio no solo.

N.B.: Este gráfico mostra que se (Ca + Mg) no solo for inferior a 1,6 me/100g, os rendimentos são limitados.

2.5.1.3. Fósforo

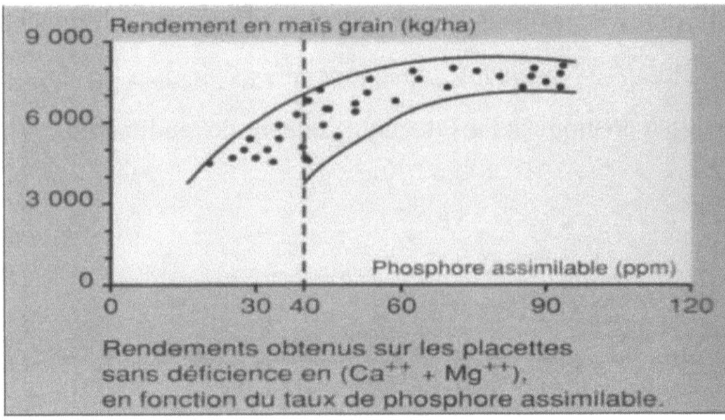

Figura 2: Vista de uma curva que mostra as alterações no rendimento do milho em função do nível de fósforo disponível no solo.

N.B.: O gráfico mostra que os rendimentos são igualmente limitados se o teor de fósforo assimilável do solo for inferior a 40 ppm.

2.5.1.4. O equilíbrio entre o potássio e o magnésio

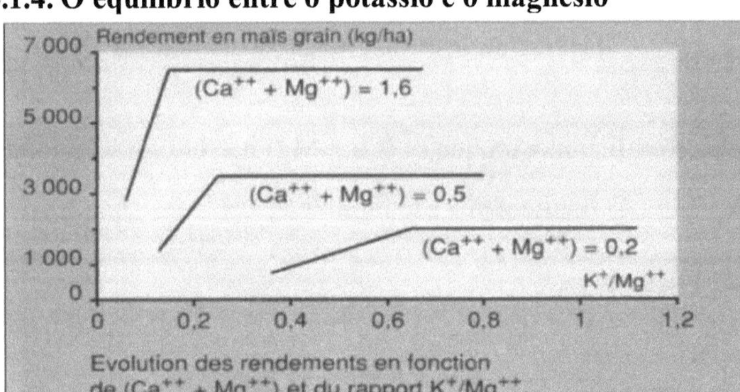

Figura 3: Vista da evolução do rendimento do milho em função da relação entre o potássio e o magnésio.

+++N.B.: O efeito da relação K/Mg é tanto mais acentuado quanto maior for o potencial de rendimento, em relação ao meio de ++++(Ca + Mg).

2.5.2. Fertilização orgânica

De um modo geral, as operações mecanizadas ou mesmo manuais permitem enterrar todos os resíduos das culturas. Mas quando uma parcela de terreno parece estar "sem fôlego", espalhar 20 a 30 toneladas por hectare de excrementos frescos de galinha pode dar um impulso espetacular ao rendimento.

O que precisa de saber

Os solos do Gabão são geralmente muito ácidos. O resultado é um pH baixo, frequentemente entre 5 e 5,5, que poucas plantas cultivadas conseguem suportar.

Para conseguirmos uma produção agrícola decente, temos de encontrar uma forma de reduzir esta acidez.

A aplicação de cal de magnésio e de dolomite é a principal solução.

Nalguns casos, quando o pH é relativamente elevado, pode ser suficiente utilizar apenas dolomite, uma vez que esta já contém cal.

Estes aditivos fornecem o cálcio e o magnésio necessários para "aumentar o pH".

Surgem também outros obstáculos, como a falta de fósforo e o equilíbrio entre os níveis de elementos minerais necessários à nutrição das culturas.
Trata-se, portanto, de definir os tipos e as doses de adubo que permitem corrigir esses defeitos.

Mas o limite da quantidade de adubo a utilizar depende do preço de compra do adubo em comparação com o preço de venda do grão suplementar obtido.

CAPÍTULO 3: CULTURA

No Gabão, as culturas são frequentemente efectuadas em cabanas ou em campos abertos. A agricultura de regadio continua a ser uma exceção.

3.1 Técnicas de cultivo

O milho é muito sensível à melhoria das propriedades físicas do solo. O aumento do rendimento devido apenas à lavoura, que aumenta nomeadamente as reservas de água do solo, é geralmente elevado e atinge geralmente 2%.

Consoante a região, a planta é cultivada em terra plana, como no Gabão, em camalhões ou montículos. No plano, de 80 em 80 cm, faz-se um buraco de 10 cm de profundidade com um pau e deitam-se 3 a 4 sementes, cobertas com 2 cm de terra.

É aconselhável semear cedo, no início das chuvas. Qualquer atraso resultará em rendimentos mais baixos.

A densidade ideal de plantas situa-se geralmente entre 40 e 60.000 plantas por hectare. Recomendamos a utilização de

Com um espaçamento de 0,80x25, ou seja, uma densidade de 50.000 plantas/ha. Isto representa uma necessidade de sementes de cerca de 25 kg.

O valor ótimo da densidade depende de :

- A variedade utilizada (maior densidade com variedades de baixo crescimento vegetativo);

- Condições de abastecimento de água ;

- O nível de fertilidade do solo.

Foto 8: Vista da sementeira direta de milho

O que precisa de saber

Antes da limpeza, o solo tem uma estrutura irregular, resistente ao escoamento e ideal para a colonização das raízes.

Quando é cultivado, o estado de torrão desaparece e o solo fragmenta-se completamente. Torna-se maciço e muito suscetível à erosão.

Para restabelecer um novo equilíbrio físico, é indispensável a utilização de certos utensílios de partilha, mas sobretudo de instrumentos com dentes. As técnicas de sementeira direta preservam igualmente as caraterísticas do solo.

A mecanização pesada deve ser evitada, uma vez que conduz a grandes alterações nas propriedades físicas do solo.

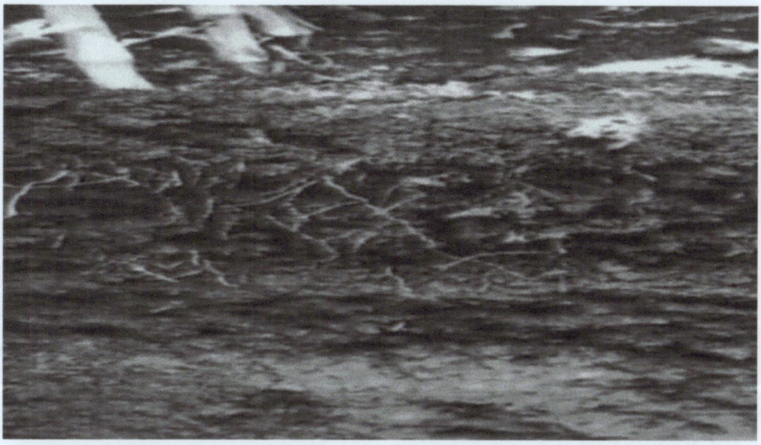

Foto 9: Vista da camada de solo colonizada por raízes de milho

3.2. Manutenção

A invasão das culturas por ervas daninhas penaliza a produção. O rendimento do milho cai drasticamente quando a cobertura de ervas daninhas aumenta.

São utilizados herbicidas, embora os resultados nem sempre sejam seguros.

Em termos de métodos de cultivo, a lavoura com uma charrua de mão reduz a quantidade de ervas daninhas em comparação com a lavoura de dentes.

No entanto, estes últimos proporcionam melhores rendimentos quando os produtos químicos são eficazes.

As plantas jovens podem ser cobertas com cinza assim que emergem do solo, para manter os insectos afastados.

Para uma manutenção manual, mondar regularmente e depois, após um mês, retirar as ervas daninhas, deixando apenas dois caules.

Foto 10: Milho em pleno crescimento

3.3. Rendimentos

Os rendimentos variam consoante o método de cultivo. A cultura tradicional produz entre 500 e 800 kg/ha, enquanto a cultura em grande escala produz entre 3 e 4 toneladas por hectare.

Em condições muito boas na estação, atinge 6 a 7 t/ha.

3.4. Colheita

O milho nunca é colhido seco: a sua presença na espiga, que é sempre mais húmida do que o grão, impede que o seu teor de humidade desça para 12%, o nível necessário para uma boa conservação.

O grão deve, portanto, ser seco. Podem ser colhidas as espigas ou os grãos.

No Gabão, a colheita das espigas é essencialmente manual (25 dias de trabalho/ha), mas pode ser mecanizada.

A colheita do grão é efectuada mecanicamente com uma máquina adequada.

Foto 11: Vista de uma pilha de espigas de milho após a colheita

O que precisa de saber

O milho pode ser produzido num sistema de rotação de culturas: milho/soja ou milho/amendoim, por exemplo. Ou num sistema que inclua pousio: milho/pousio. Estas sucessões são combinadas com a lavoura para trabalhar o solo.

Milho/Soja: a soja é cultivada após um ciclo de milho, semeada diretamente nos restos de milho para evitar a desestruturação do solo com lavouras sucessivas. A lavoura será efectuada após o ciclo da soja.

Com as variedades de ciclo curto, é possível efetuar dois ciclos de culturas por ano.

Milho/pousio: este tratamento consiste em deixar as parcelas em pousio atrás do milho. Neste caso, o objetivo é utilizar variedades de ciclo mais longo.

Devemos manter-nos vigilantes no que respeita à manutenção dos pousios e intervir antes que as ervas daninhas se disseminem.

A lavoura da estação seca pode ser efectuada bastante cedo, em primeiro lugar porque a parcela não está a ser cultivada e, em segundo lugar, porque o pousio seca muito vigorosamente o perfil de cultivo.

Vocabulário

Priming: Operação efectuada nas matérias-primas antes de serem processadas ou apresentadas.

Planta **infestante**: Planta adicionada a um povoamento vegetal sem ser deliberadamente semeada, à qual é inicialmente estranha e cuja presença é indesejável.

Corretivos : Substâncias incorporadas no solo para melhorar as suas propriedades físicas.

Azoto, fósforo, potássio e magnésio: Macroelementos essenciais para o desenvolvimento das plantas, a germinação e a maturação das sementes.

Cinzel: Uma peça de equipamento agrícola utilizada para escarificar o solo em profundidade.

Charrua: Instrumento agrícola utilizado para lavrar os campos.

Deadheading: Operação que consiste em retirar manualmente algumas das plantas jovens.

Erosão: O desgaste e a transformação do solo pela água.

Grumele: Material granular.

Híbrido: Milho produzido através do cruzamento de diferentes variedades ou espécies.

Linhagem: Conjunto de indivíduos descendentes de um ou mais progenitores. Nas plantas, a linhagem é o resultado de sucessivas auto-fertilizações ao longo de várias gerações.

Parasita: Organismo que vive à custa de outro organismo vivo hospedeiro, no qual ou do qual encontra sustento e proteção.

Ph: Abreviatura de potencial de hidrogénio. É uma medida da acidez ou basicidade de uma solução.

Escoamento: O fluxo de água sobre a superfície da terra, particularmente sobre a superfície dos solos.

Espiga: A espiga de milho é a ráquis da espiga de milho, a

inflorescência feminina da planta de milho na qual se implantam as espigas femininas, que se transformam em grãos quando a planta amadurece.

Variedade: Termo utilizado para designar o conjunto de indivíduos de uma determinada espécie, que se distinguem de qualquer outro conjunto de plantas da mesma espécie pela expressão de diferenças hereditárias mínimas determinadas por um determinado genótipo. Estas caraterísticas particulares podem ser reproduzidas de geração em geração através de sementes.

Vibrocultivador: Ferramenta agrícola para trabalhar o solo à superfície, com dentes vibratórios, geralmente acionada por um trator.

Bibliografia

Alain CAUJOLLE, 1992. Ensaio de sistemas de cultura totalmente mecanizados de milho/soja num ambiente equatorial húmido. Centre de Recherches Agronomiques de Boumango (Gabão), 49p.

J. Ernoult, 1991. Agriculture et petit élevage en zone Tropicale. França: éd. Saint-Paul, 80p.

E. Torquebian. 2007. Agroflorestação: árvores e campos. Pp.26...

R. NGADI LITADI, 2010. Impacts des Activités Agricoles au nord de la zone tampon de la Réserve de Biosphère du Niokolo Koba. Tese de mestrado: Gestion durable des Ressources Naturelles: Université de Thiès (ENSA) (Senegal), 37p.

Ministério da Cooperação e do Desenvolvimento 1991. Mémento de l'Agronome (quarta edição), pp 651-664.

G. Delafond et al., 1990. Synthèse des travaux effectués à la SIAEB (Gabon) par la cellule de Recherche d'Accompagnement pendant la phase II, IRAT/CIRAD, 28p.

Ange A., Casta P., 1990. Célula de Investigação de Acompanhamento, projeto SIAEB (Gabão), sector Agronomia. Relatório de síntese das campanhas 1988-1990, Montpellier, França, RAT, 58p.

Herblot, 1986. Alguns problemas colocados pela motorização total das culturas anuais (milho e soja) nas regiões tropicais húmidas: o caso do SIAEB no Gabão. Machinisme Agricole Tropicale, 95p.

Abderrazak MAROUF, Joël RAYNAUD, 2007. Botânica de A a Z. Dunod, Paris, 2007. Imprimerie SNEL Grafics sa, Z.I. des Hauts-Sarts-Zone 3, Rue Fond des Fourches 21-B-4041 Vottem (Herstal), Bélgica, 342p.

CAUJOLLE GAZET A., 1992. Lavoura do solo e perfil de cultivo em sistemas de cultivo mecanizados com sucessão anual de milho/soja num ambiente equatorial húmido. O caso do SIAEB no Gabão. Boumango, Gabão, CRAB, 25p.

APÊNDICE

Por exemplo, um hectare de milho pode custar 4,40626 FCFA (671 euros).

Com um rendimento de 3 toneladas por hectare e um preço de campo de 200 FCFA por kg, o lucro é de 159374 FCFA (243 euros).

Designação	Despesas			Produtos		
	Quantidade	Preços	Montante	Quantidade	Preços	Montante
Venda da produção				3000	200	600 000
Compra de sementes (kg)	25	500	12500			
NPK	150	500	75000			
Ureia	100	500	50000			
Adubo orgânico	5	13000	65000			
Lavoura e pulverização	1	20000	20000			
Lubrificante e combustível			57500			
Força de trabalho (HJ/mês)	25	5000	125000			

Colheita			20000			
Depreciações e amortizações			15626			
Total			440626			600 000
Resultado líquido de exploração			159374			

Exemplo de uma conta de exploração para um hectare de milho

Biografia :

Raphaël NGADI LITADI

De nacionalidade gabonesa, possui um mestrado em Silvicultura e Ambiente para a Gestão Sustentável dos Recursos Naturais, um diploma em Engenharia Agrícola e um Bacharelato série D.

Trabalhei como funcionário público destacado durante 11 anos na Société de Développement de l'Hévéa Culture, onde fui chefe do departamento agrícola e diretor nacional do programa Village.

De volta ao Ministério da Agricultura, ocupei sucessivamente os cargos de Chefe do Departamento de Investigação Agrícola, Diretor-Geral Adjunto da Agricultura, Diretor-Geral Interino da Agricultura, Inspetor-Geral dos Serviços e, atualmente, ocupo o cargo de Conselheiro Técnico do Ministro da Agricultura.

Participo em debates internacionais como Ponto Focal do Solo para a Parceria Global do Solo (GSP), como representante do meu país no diálogo sobre florestas, agricultura e comércio de matérias-primas (FACT) e como coordenador nacional para a transformação dos sistemas agrícolas (FAO).

Raphaël NGADI LITADI

Correio eletrónico: ngadilitadi@yahoo.fr

MIX
Papier aus verantwortungsvollen Quellen
Paper from responsible sources
FSC® C105338

Printed by Books on Demand GmbH, Norderstedt / Germany